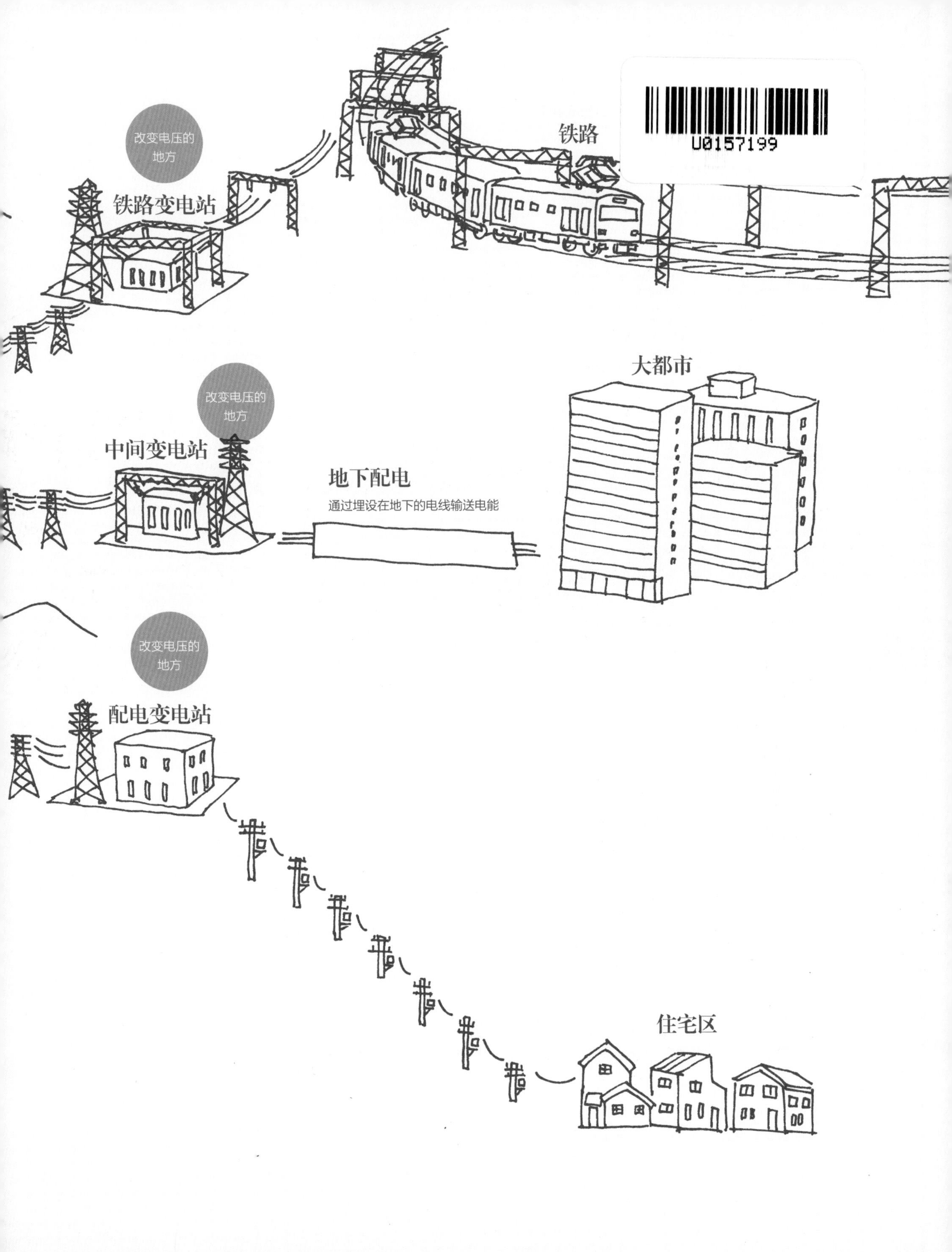
改变电压的地方
铁路变电站
铁路
U0157199
大都市
改变电压的地方
中间变电站
地下配电
通过埋设在地下的电线输送电能
改变电压的地方
配电变电站
住宅区

一大早，一辆汽车停在输电杆塔旁边。
几个工作人员走下车来。

青岛出版集团 | 青岛出版社

他们抬头望向天空。
高大的输电杆塔支撑着高压线。

高压线如同蜘蛛网一样遍布日本全境，
将发电站生产的电能输送到全国各地。

准备开工啦。
咔嚓
危险

今天，这条高压线路暂停了电力供应。

现在，工作人员要爬上这座输电杆塔，检修高压线路。

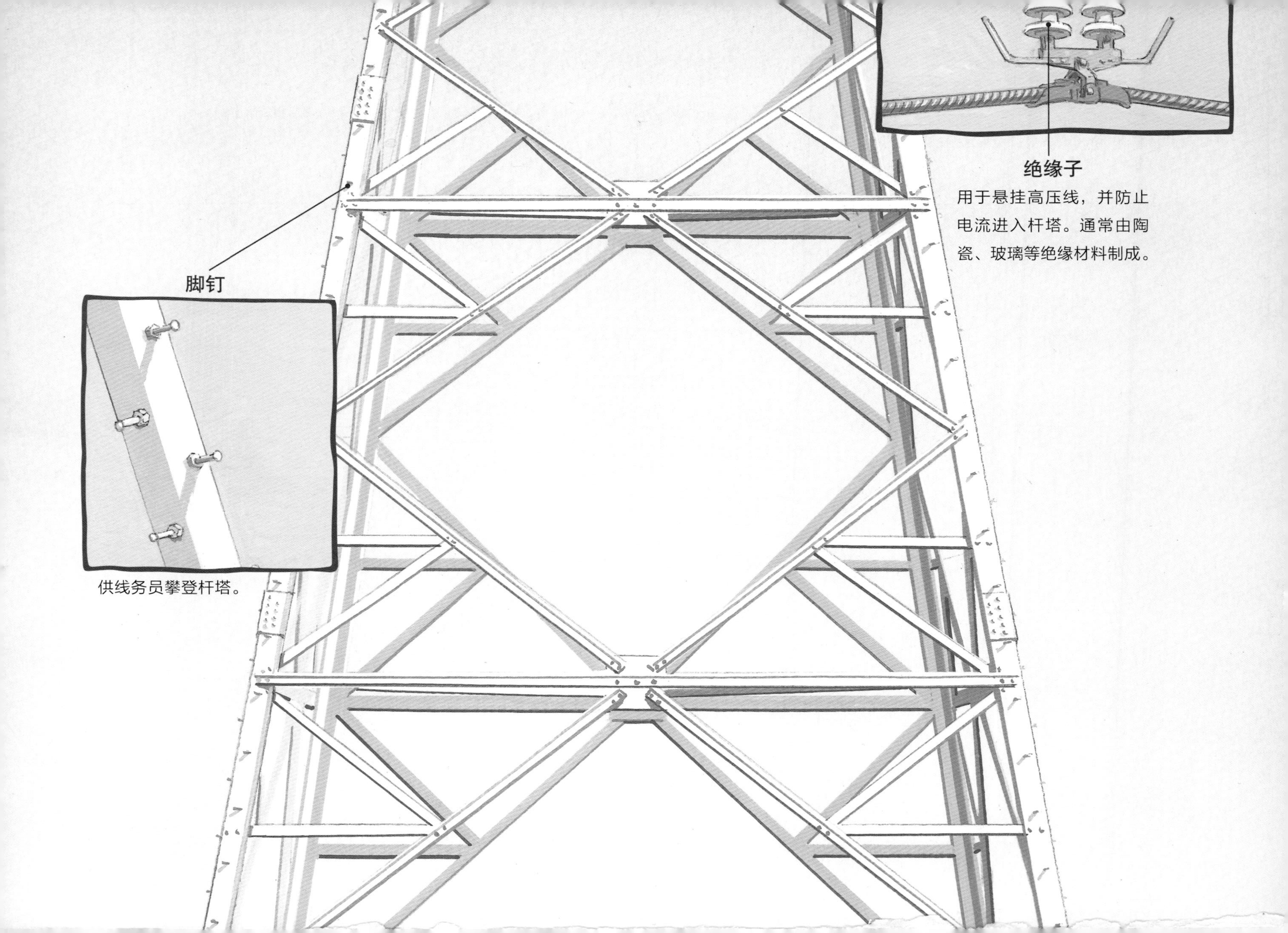
绝缘子
用于悬挂高压线，并防止
电流进入杆塔。通常由陶
瓷、玻璃等绝缘材料制成。
脚钉
供线务员攀登杆塔。

防爬装置
防止无关人员
登上杆塔。

线务员工具图示

在高压线上工作的人员，叫作线务员。
他们工作时会用到很多专用工具。

工具包

能收纳很多工具，
以便工作时使用。

安全头盔

不同型号的安全绳

主安全绳

安全系带

无线电
对讲机

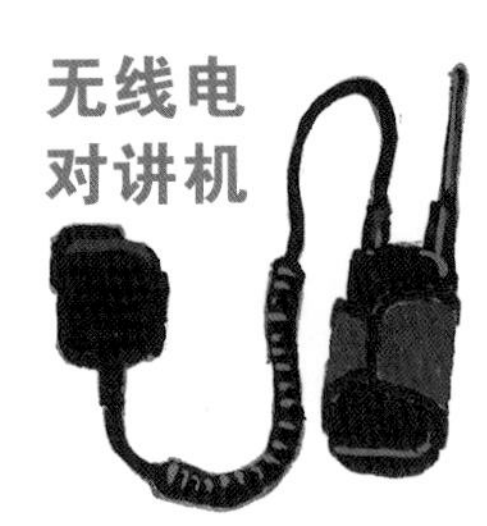

棘轮扳手

活动扳手

内六角扳手

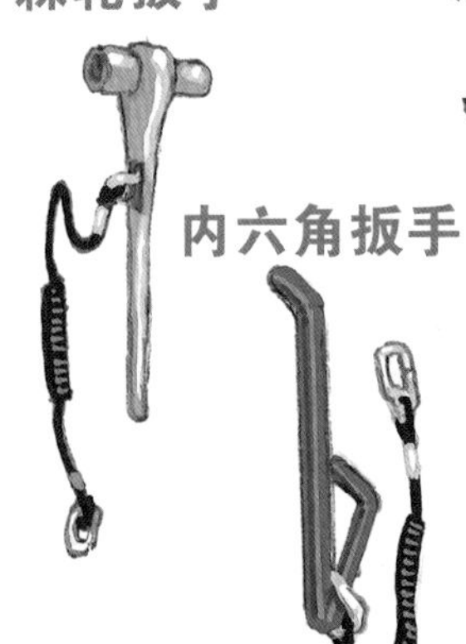

作业吊篮　在高压线上移动的设备，
重量约为 14 千克。

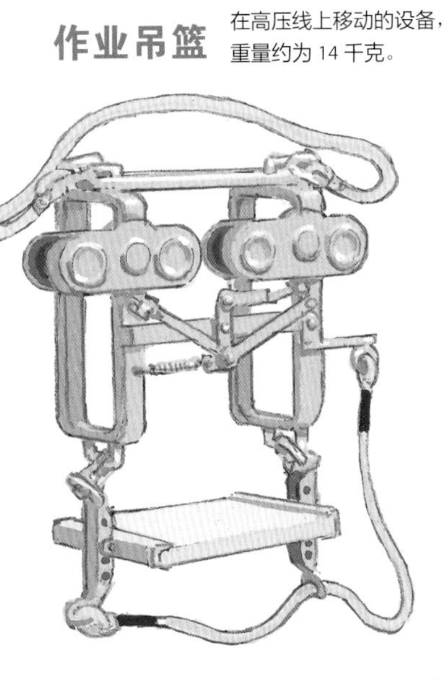

钳子

折尺

工具袋

马克笔

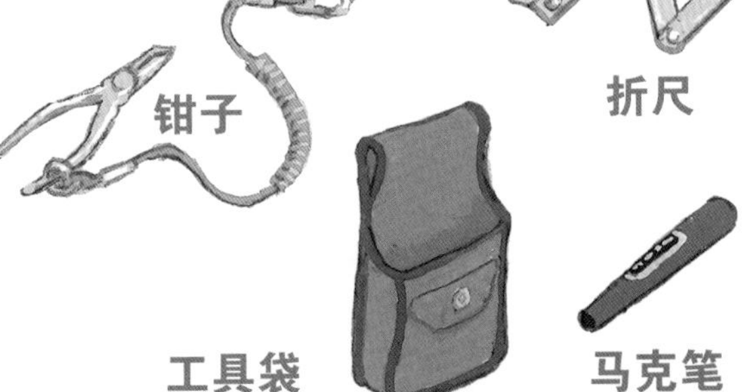

将最粗的主安全绳
的一端固定在腰部，
拉长另一端……

绕过杆塔的柱子
后，扣在腰部的
金属扣上。
咔哒

用钩子钩住右
边的脚钉。
咔哒

抓紧

踩实

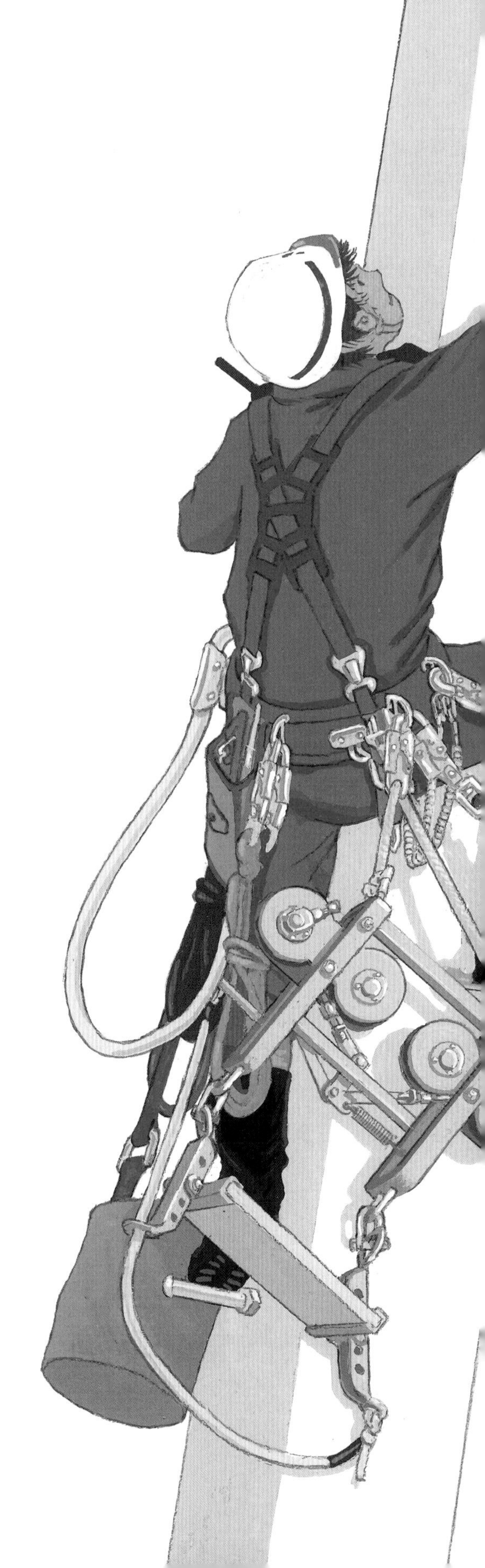

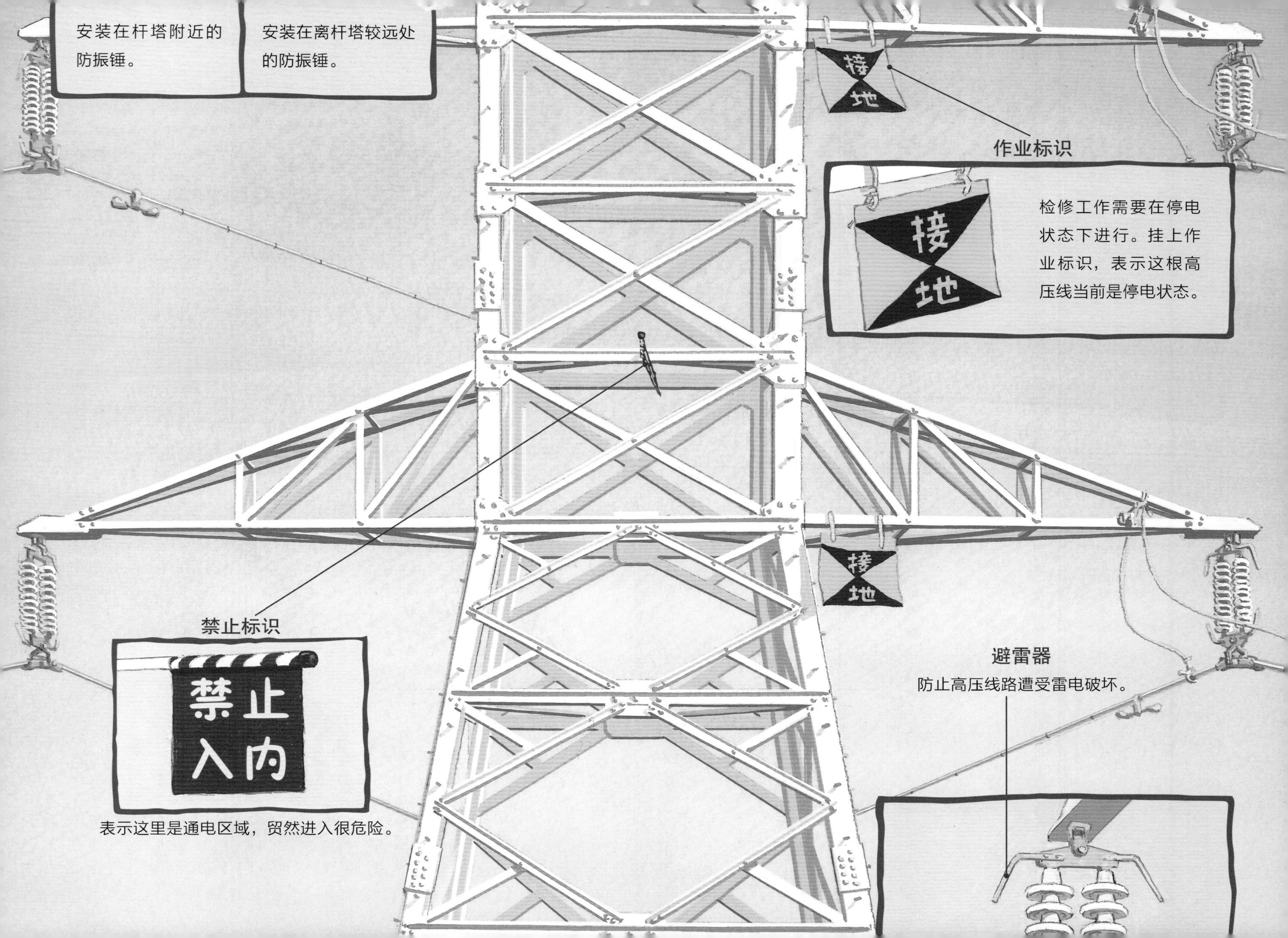
安装在杆塔附近的防振锤。
安装在离杆塔较远处的防振锤。
接地
作业标识
接地
检修工作需要在停电状态下进行。挂上作业标识，表示这根高压线当前是停电状态。
接地
禁止标识
禁止入内
表示这里是通电区域，贸然进入很危险。
避雷器
防止高压线路遭受雷电破坏。

输电杆塔图示

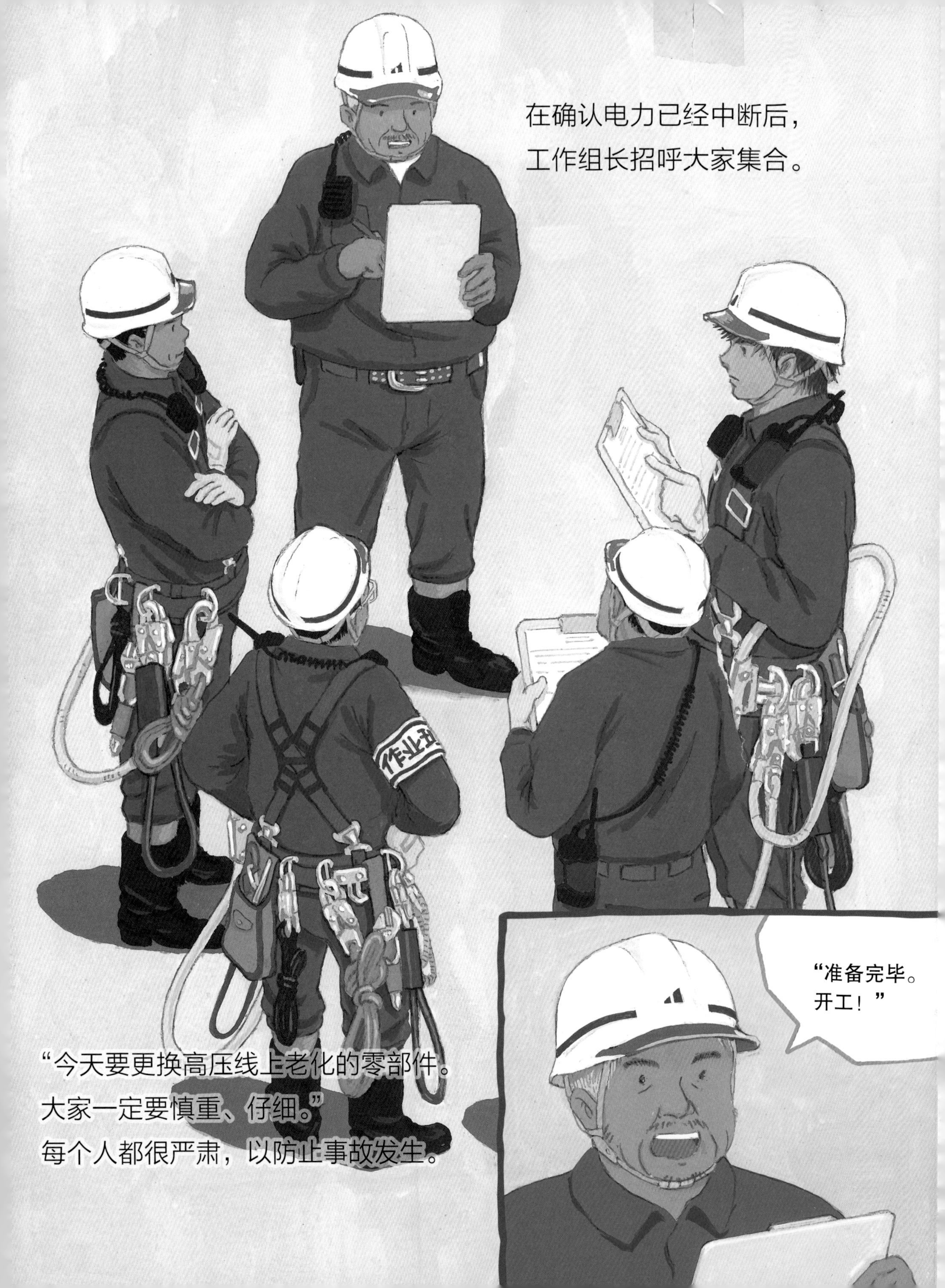
在确认电力已经中断后，
工作组长招呼大家集合。
作业班
“今天要更换高压线上老化的零部件。
大家一定要慎重、仔细。”
每个人都很严肃，以防止事故发生。
“准备完毕。
开工！”

“确认安全！开始登塔！”线务员们再三检查过工具和装备，确定没有安全隐患后，开始攀登杆塔。

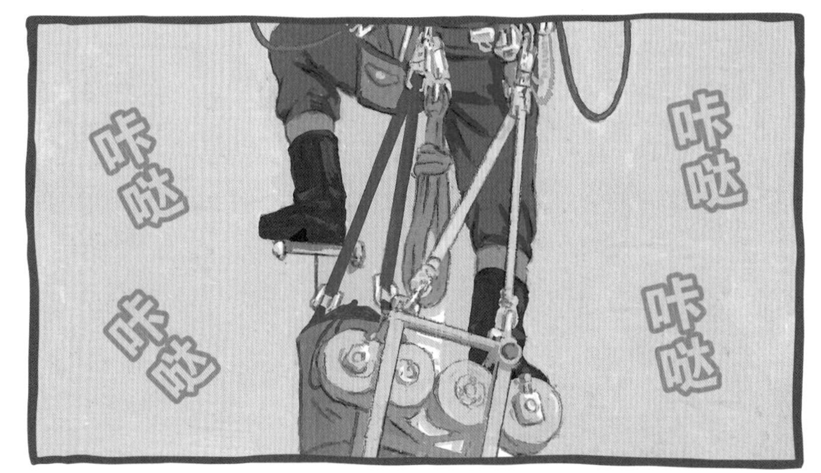

咔哒、咔哒、咔哒、咔哒……
线务员攀登杆塔的动作很流畅。

他们来到了杆塔的顶部。
这里距离地面大约有 50 米，
相当于 16 层楼的高度。
地面的房屋看起来小了很多。

为了在高压线上方便地移动，

需要安装作业吊篮。

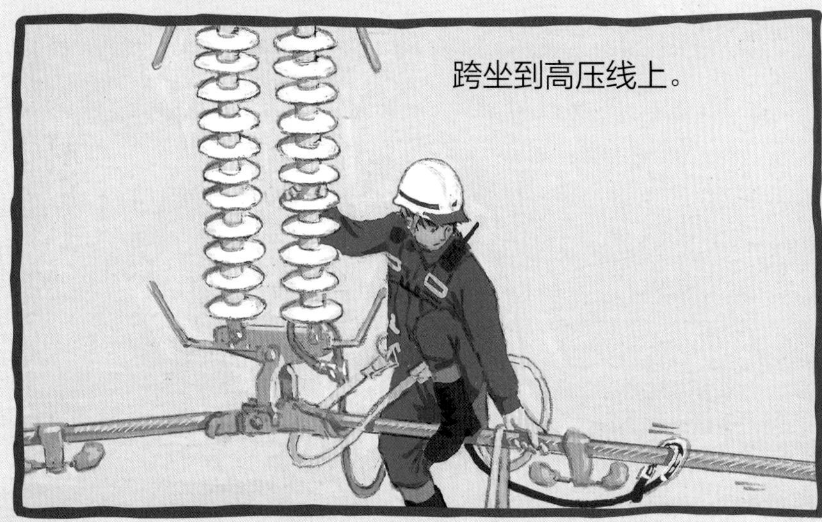

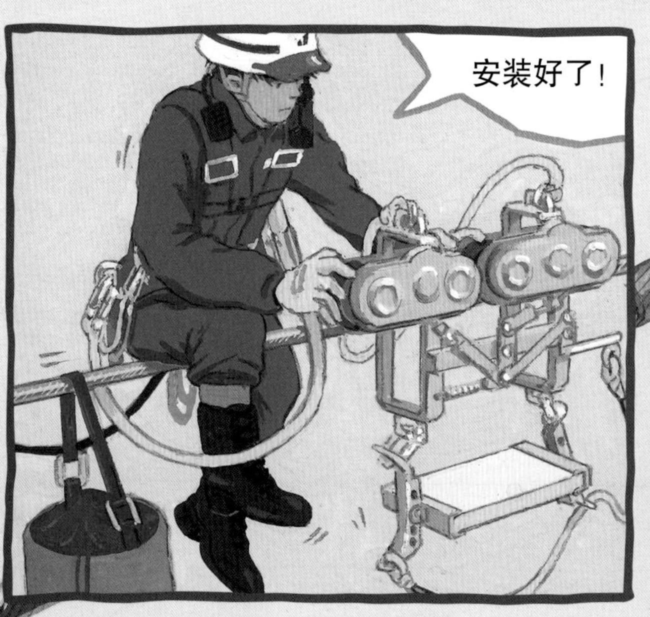

哇！线务员的身体，把高压线压弯了。

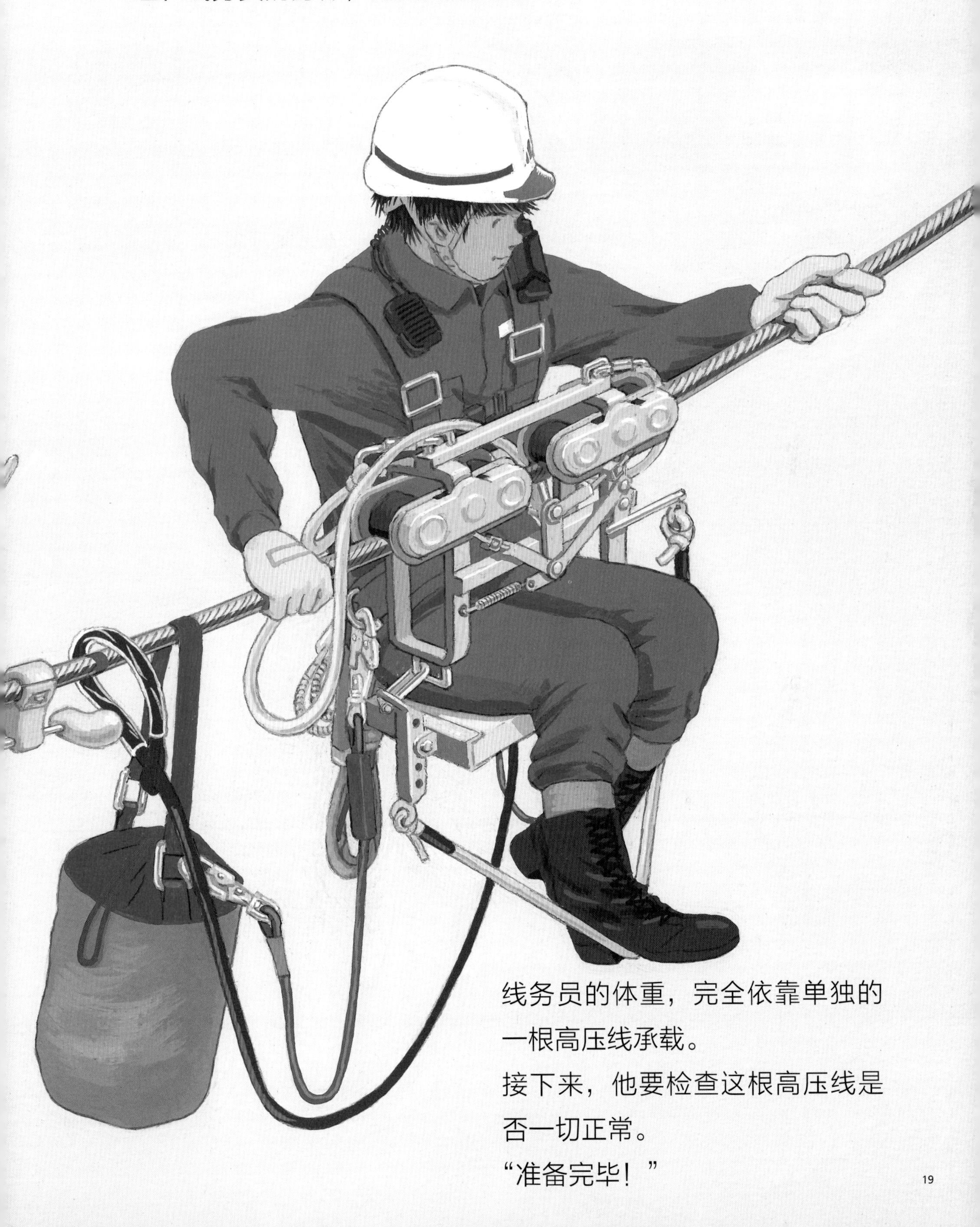

线务员的体重，完全依靠单独的一根高压线承载。

接下来，他要检查这根高压线是否一切正常。

“准备完毕！”

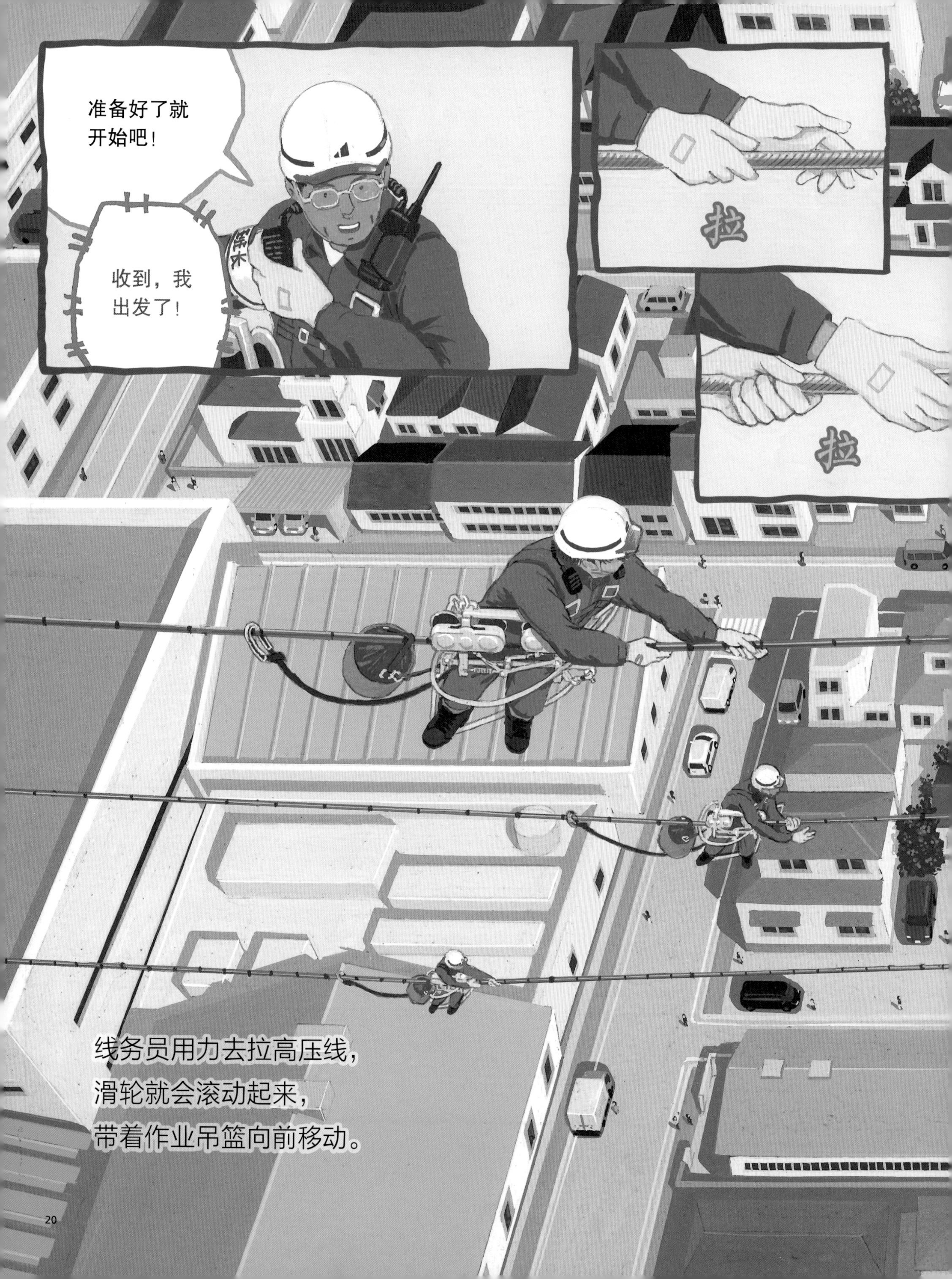
准备好了就
开始吧！
收到，我
出发了！
拉
拉
线务员用力去拉高压线，
滑轮就会滚动起来，
带着作业吊篮向前移动。

拉
拉
拉
刷刷
刷

线务员来到装有防振锤的地方。

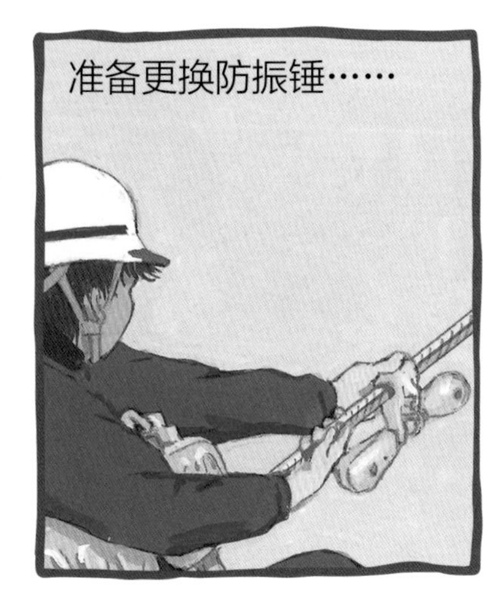

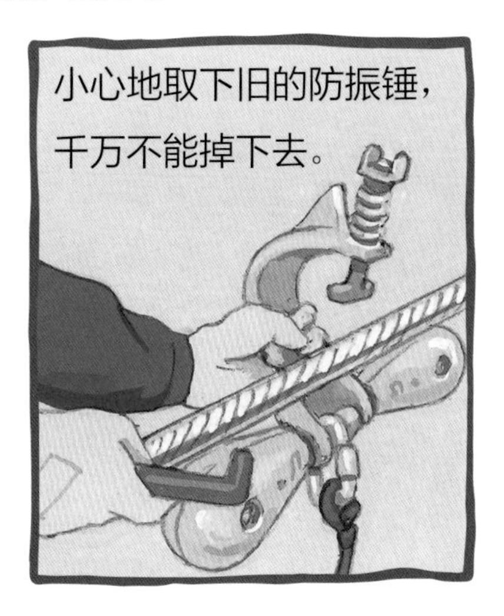

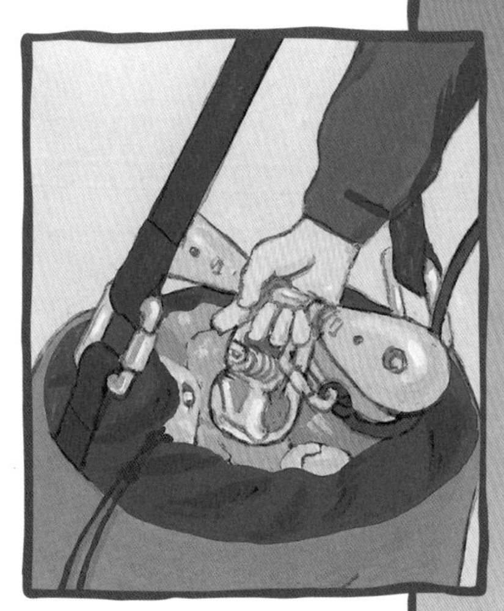

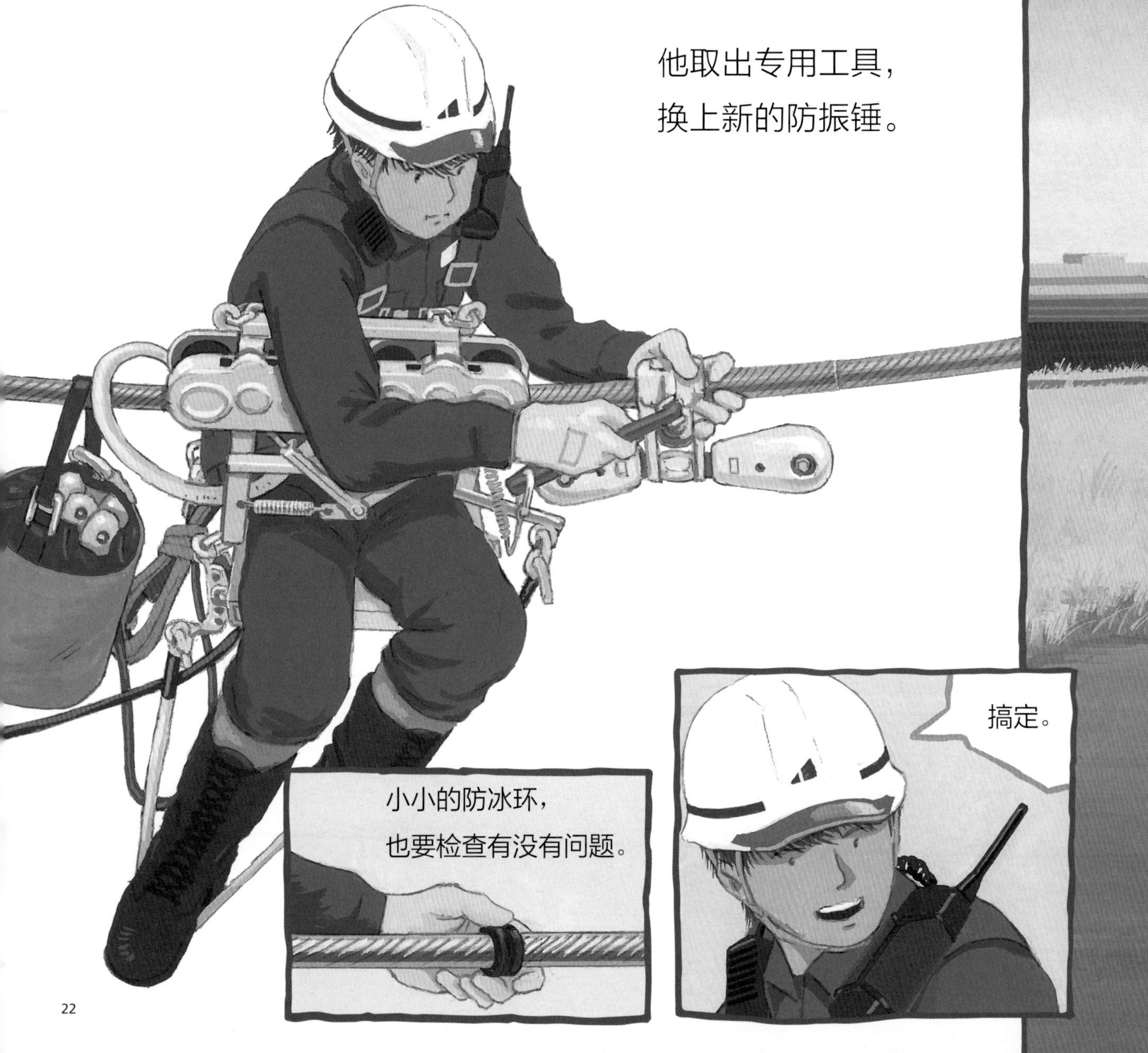

50 米的空中和地面不同，
经常会有强风。

哎呀！

风太大了，
千万小心！
知道了！

经过公园上空的时候，

线务员们看到孩子们在朝他们挥手。

“喂——”

线务员们也挥手回应。

在长长的高压线上，三名线务员一边前进，一边检修。
“到下个杆塔下来。”工作组长用无线电对讲机说道。

晃晃

啊！

哎呀呀！

没事吧?！

在杆塔上面可以俯瞰夕阳下的街道。

“好了，下来吧，注意安全。”

回到地面后，大家严肃的脸上终于绽开了笑容。
“大家都辛苦了。收拾好东西，准备回去吧。”

回去的路上，杆塔下的城市开始亮起点点灯火。
天空中，高压线向远方延伸。

在暮色中，
输电杆塔上的红色灯光，
如同星星般闪烁不停。